AF614600

CONTACT DU JURA MÉRIDIONAL

ET DE LA

ZONE SUBALPINE

Aux environs de Chambéry (Savoie)

PAR

M. HOLLANDE

Le Jura méridional se termine sur ma feuille par trois anticlinaux dirigés sensiblement du sud au nord magnétique : 1° Anticlinal des monts Otheran-Corbelet à Aix-les-Bains et la Chambotte; 2° Anticlinal des monts Grelle-l'épine au mont du Chat ; 3° Anticlinal du mont Tournier à la montagne des Parves. — Voir fig. 1.

Le 1er anticlinal Otheran-Corbelet, se prolonge au travers du massif de la Grande Chartreuse jusqu'à Corenc ; celui du mont du Chat se prolonge jusqu'à Noyarey; enfin, celui du mont Tournier, recouvert par l'helvétien, entre Dullin et la Bridoire, se prolonge jusqu'au récif coralligène de l'Echaillon. Au nord de ma feuille, apparaît le dernier anticlinal du Jura, celui de Lovagny-Mont-Salève, anticlinal ayant joué le rôle de charnière dans les mouvements du Jura et de la zone subalpine. Ajoutons que le premier anticlinal de cette zone est celui du Revard au Semnoz, et qu'il se prolonge dans le massif de la Grande Chartreuse par les monts de Joigny et du Granier jusqu'au roc d'Aiguille.

La fig. 1 indique encore le retrait successif des mers tertiaires aux environs de Chambéry, retrait finissant à la mer helvétienne dont les limites sont aussi celles du Jura méridional et de la zone subalpine. Enfin, notons que les mers tertiaires n'ont pas recouvert la région Est du massif de la Grande-Chartreuse.

Je me propose, dans cette note, de donner la description géologique des trois derniers anticlinaux du Jura méridional situés sur ma feuille et du premier de la zone subalpine, d'établir leurs rapports à l'aide de profils et de donner les listes des fossiles que j'y ai trouvés.

L'anticlinal des monts Grelle-l'épine au mont du Chat, étant celui qui présente le plus grand développement dans la série des terrains, c'est par lui que je commencerai.

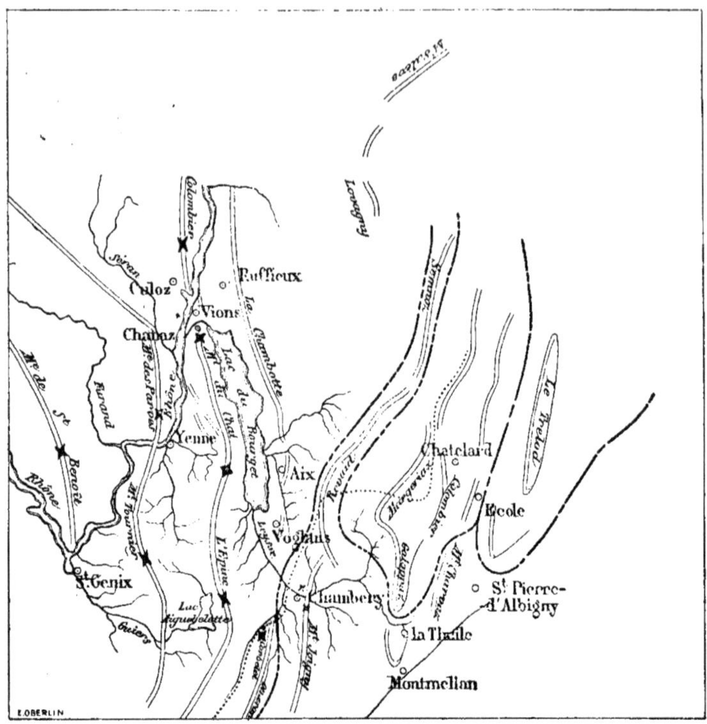

Fig. 1.

—·—·— Limites de la mer éocène.
—..—..— Limites de la mer oligocène.
.... Limites du lac aquitanien.
—...—...— Limites de la mer helvétienne, donnant aussi la séparation du Jura méridional et de la zone subalpine.
═══ Direction des anticlinaux.
• Récifs coralligènes dans le jurassique supérieur.
⁎ Récif coralligène dans le Valanginien.

1. Anticlinal des monts Grelle-L'épine au mont du Chat. — Le canal de Savières, par lequel le lac du Bourget se déverse dans le Rhône, sépare la chaîne du mont du Chat du mollard de Vions, prolongement anticlinal de cette chaîne et témoin permettant de la relier au Colombier de Culoz se prolongeant lui-même sur Montanges et Champformier. Les différentes formations géologiques de cette chaîne peuvent facilement s'étudier des bords du Rhône à Chanaz, puis le long du canal de Savières.

En voici la coupe, fig. 2.

En 1885, M. Révil trouva entre Chevelu et le col du mont du Chat, l'*Am. Murchisonæ*. Cette heureuse découverte lui donna sans doute l'idée d'étudier en

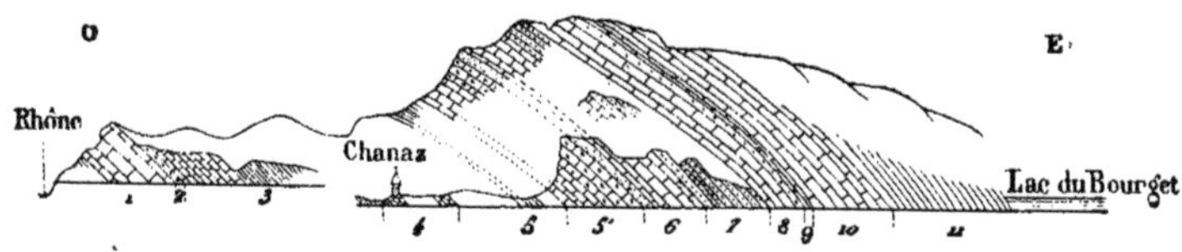

Fig. 2. — Coupe prise sur la rive gauche du canal de Savières, du lac du Bourget au Rhône (Savoie).

	épaisseur		épaisseur
11. Hauterivien (Civ)	55	5 et 5'. Séquanien (J⁴)	105
10. Valanginien (Cv)	55	4. 3. Rauracien (J³)	141
9. Purbeck (J⁷)	6,42	2. Callovien (J¹)	2
8, 7, 6. Kimmeridgien (J⁶⁻⁵)	147	1. Bathonien (Jⁱ⁻ⁱᵛ)	70

Echelle des longueurs : 1^{mm} pour 20^{m}.

— des hauteurs : 1^{m} pour 10.

détail la coupe de Chevelu au lac du Bourget, car en 1888, il publiait une note très intéressante sur cette localité. Il cite comme venant du bajocien de la route de Chevelu :

Bel. Sulcatus, Miller.
Am. murchisonæ, Sow.
Pecten personatus, Picten.
Pecten textorius. Schloth.
Lima proboscidea, Sow.
Lima semicircularis. Münst.
Lima gibbosa, Sow.
Plagiostoma sulcatum, Goldf.
Avicula Münsteri, Goldf.
Hemithiris costata, D'Orb.

Le bajocien comprend ici de haut en bas :

Un calcaire à entroques ;
Un calcaire à silex et *Am. humphriesianus*.
Des marno-calcaires à *Am. murchisonæ*.

Dans la coupe du Rhône à Chanaz (fig. 2), on ne voit pas le bajocien, perdu sous la route, les alluvions ou les eaux du Rhône ; mais on le retrouve, à l'ouest, au Colombier de Culoz.

Bathonien. — A Chanaz, le long du Rhône, est un bathonien riche en fossiles. La lumachelle à *ostrea acuminata* est en partie cachée par la route, mais elle est bien développée à Lucey. Sur le talus du crêt de Chanaz, dans les vignes, le

Bathonien est formée par des calcaires marneux à *pholadomya murchisonæ*; des calcaires à rognons siliceux et des calcaires en gros bancs. On y trouve :

Am. polymorphus, D'Orb.
Am. procerus, Seeb.
Am. Zigzag, D'Orb.
Pholadomya murchisonæ, Sow.
Rhynchonella concinna, D'orb.
Rhynchonella varians, D'orb.
Collyrites ellipticus, etc.

Callovien. — Le Callovien se voit dans le haut du village de Chanaz. Il y était autrefois exploité par la Société des fourneaux de Cran, près d'Annecy. Actuellement, la galerie d'exploitation est en partie comblée. Néanmoins, du toit, on peut encore en extraire des blocs remplis de fossiles. C'est une roche calcaréo-ferrugineuse, avec sesquioxyde de fer à l'état d'oolithes; trop pauvre, cette roche n'était employée que comme castine. On y trouve :

Am. macrocephalus, Schloth.
Am. hecticus, Rein.
Am. sub-backeriae, D'orb.
Am. anceps, Rein.
Am. punctatus, Sthal.
Rhynchonella spathica, Lam.
Terebratula dorsoplicata, Suess. etc.

Rauracien. — Sur ces bancs calcaréo-ferrugineux du callovien, on voit des marno-calcaires à hexatinellides et faune des couches de Birmensdorff. L'oxfordien à *Am. renggeri* et *Am. cordatus* de la région ouest du Jura méridional manque donc au mont du Chat; il en est de même au colombier de Culoz.

Parmi les fossiles trouvés dans ces marno-calcaires, je citerai :

Am. canaliculatus, Buch.
Am. hispidus, Opp.
Am. tortisulcatus, D'orb.
Am. arolicus, Opp,
Am. martelli, Opp.
Ostrea rastellaris, Sow.
Terebratula nucleata, Schloth, etc.

Sur ces couches fossilifères sont des bancs de calcaires employés pour la fabrication de la chaux hydraulique. Les fossiles y sont assez rares, cependant les derniers bancs renferment en assez grande abondance des ammonites du groupe des périsphinctes; puis, viennent des calcaires non exploités et difficiles à explorer au point de vue de la récolte des fossiles.

Vers l'église de Chanaz, j'ai signalé, il y a quelques années, un deuxième niveau à hexatinellides formé de calcaires plus ou moins argileux et de bancs mieux lités, plus compacts, avec taches noires, de petits amas ocreux, pyriteux et assez fossilifères. On les trouve surtout le long du chemin de halage. Ils renferment :

Am. marantianus, D'orb.
Am. Tiziani, Opp.
Pholadomya hemicardia.
Tereb. bisuffarcinata.
Cidaris propinqua, etc.

Sur eux, reposent des calcaires bien lités, peu fossilifères.

Séquanien. — Sur ces calcaires, dans les anciennes carrières de Chanaz, existe un troisième niveau à hexatinellides. Il est dans des calcaires alternant avec des lits marneux souvent verdâtres et assez fossilifères, tels que :

Am. tenuilobatus, Opp.
Am. Lothari, Opp.
Am. Strombecki, Opp., etc.

Le tout est recouvert par un calcaire gris, en gros bancs avec :

Am. tenuilobatus, Opp.
Rhynchonella lacunosa,
Terebratula insignis.
Cidaris cervicalis.
Cidaris coronata.
Glypticus hieroglyphicus.
Cidaris lœviuscula.
Hemicidaris crenularis.
Aptychus lamellosus.
Aptychus latus.
Aptychus imbricatus, etc.

On a donc ici un retour d'échinides qu'on trouve, en effet, plutôt à la partie supérieure du rauracien au niveau dit : glypticien. Mais, vu la faune des céphalopodes qui se trouve à la base de ces dépôts, je place le tout dans le Séquanien.

Kimméridgien. — Ces calcaires sont dominés par un gros rocher formé, dans le bas, par de la dolomie caverneuse ; puis, au sommet, et surtout sur le versant est, par un récif coralligène formé de calcaire blanc, quelquefois oolithique, avec :

Diceras Lucii, Defrance.
Diceras speciosum, Goldf.
Diceras Münsteri, Goldf.
Terebratula moravica, Cfr.
Rhynchonella pinguis, Rœm.
Rhynchonella inconstans, Quenst.
Cardium corallinum, Leym.
Nerinea defrancii, D'orb.
Nerinea moreana, D'orb.
Cidaris coronata, Goldf.
Pecten solidus, Rœm.

Ce récif coralligène du ptérocérien est recouvert par des calcaires blancs, magnésiens, quelquefois aussi oolithiques, avec bancs à *Terebratula Subsella.* Sur le prolongement nord de l'anticlinal des monts Grelle-L'épine — mont du Chat, à Orbagnoux, on trouve à ce niveau, des calcaires en plaquettes avec *Zamites feneonis.* Enfin, on a des calcaires gris quelquefois légèrement oolithiques avec :

Nerinea trinodosa ; Woltz.
Natica suprajurensis ; Brong

appartenant au portlandien.

Purbeck. — Le purbeck est représenté par les dépôts suivants, à partir du portlandien :

	épaisseur
a. Marnes vertes très comprimées	0m15
b. Cailloux anguleux des roches sous-jacentes et marnes vertes, le tout plaqué à la surface inférieure du premier banc des calcaires gris qui suivent.	0m05
c. Calcaires gris, compacts, avec petits nids de calcite	2m20
d. Marnes vertes et argiles.	0m12
e. Calcaires gris, compacts, à taches noires	2m00
f. Marnes vertes	0m20
g. Calcaires gris, compacts.	1m50
h. Marno-calcaires avec conglomérat de cailloux noirs	0m20

Le purbeck, qui est ici pauvre en fossiles, se rencontre sur le même versant de cet anticlinal, le long de la route du Bourget du lac au col du mont du Chat, entre les kilomètres 14 et 15, où l'on trouve à partir du portlandien :

a. Calcaire compact à :

Valvata helicoïdes ; Forbes ;
Megalomastoma Caroli ; Maill.
Lioplax inflata ; Sow.

b. Dolomie et calcaires jaunâtres d'abord en petits bancs, puis en gros bancs, dont un renferme de nombreux fragments d'ostrea ;

c. Lits marneux, alternant avec de petits bancs de calcaire, avec :

Planorbis Loryi ;
Physa Bristovi ;
Physa Wealdiensis ; etc.

d, enfin on a le *Valanginien* débutant par des marno-calcaires à *Terebratula Carteroniana*, surmontés par un calcaire compact à grosses natices [1].

[1] Sur le même anticlinal, au col du Crucifix, la coupe du purbeck donne :

Portlandien.

Dolomie et calcaires compacts à nérinées spathisées.

Purbeck.

a. Calcaire à cassure esquilleuse ;
b. Calcaire à nombreux fragments d'ostrea ;
c. Calcaire gris-jaunâtre, compact ;
d. Calcaire gris à *Megalomastoma Caroli ;*

Valanginien. — La coupe de Chanaz au lac du Bourget se continue par des calcaires bicolores et des marnes ocreuses en superposition directe sur le purbeck. On peut y récolter :

Pygurus rostratus ;
Natica leviathan ;
Pholadomya elongata ;
Janira atava ;
Terebratula Carteroniana ;
Tereb. prælonga :

Hauterivien. — Enfin, ces dépôts sont recouverts par des marnes bleuâtres à *Am. radiatus* et des marno-calcaires à *ostrea couloni* et *toxaster complanatus* ; puis, au-delà de Conjux, par les calcaires jaunes de Neuchâtel.

Urgonien. — Plus au sud, cet ensemble est recouvert par de gros bancs de calcaire blanc, compact, de l'Urgonien, à *requienià ammonia*. Et, vers l'abbaye de Hautecombe, on trouve, sur le crétacé inférieur, les mollasses de l'helvétien.

On peut couper la chaîne du mont du Chat par la route du Bourget à Yenne, ou par le col de St-Michel, ou par tout autre endroit, on trouvera toujours les assises fossilifères placées dans le même ordre de superposition, mais nulle part, elles ne descendent au-dessous du bajocien.

2. Anticlinal du mont Tournier à la montagne des Parves.— Entre le gué des Planches et St-Béron existe, sur ma feuille, un tronçon de chaîne qui est le prolongement sud de la chaîne de l'Échaillon, Saint-Julien-de-Raz, du Crossey et de Miribel. Ce tronçon est formé par le Valanginien supérieur et l'Hauterivien inférieur. Il ne présente rien de particulier, sauf qu'au sud il comprend le récif coralligène de l'échaillon et non loin de St-Béron, la cluse de Chaille. Dans cette cluse, le purbeck a une disposition intéressante. Voici la coupe que j'ai relevée en 1886. Le Guiers coule sur les couches du Kimméridgien (J^{6-5}) ; puis, à partir de la route, on a :

	épaisseur
1. Calcaire compact, à rognons noirs.	2^m50
2. Calcaire gris, compact, à gros gastéropodes.	2^m00
3. Lits marneux et calcaire gris-cendré, avec matières bitumineuses et cérithes.	2^m00
4. Calcaire gris-cendré à *Am. Lorioli*	0^m50
5. Lit marneux à *physa Bristovi*	0^m20
6. Calcaire gris à *Am. Lorioli*, alternant avec des lits marneux à Tylostomes et des calcaires à rognons noirs	9^m00
7. Valanginien.	

e. Calcaire et lits marneux verdâtres ;
f. Calcaire à cailloux noirs.

Valanginien.

Calcaire jaune à *Natica leviathan.*

Ce qu'il importe de noter dans cette coupe, c'est la présence de bancs à *Am. Lorioli* intercalés dans les couches à fossiles du purbeck.

Mont Tournier. Le bois de Glaize du mont Tournier est sur le pendage est de l'anticlinal dont voici le profil en cet endroit.

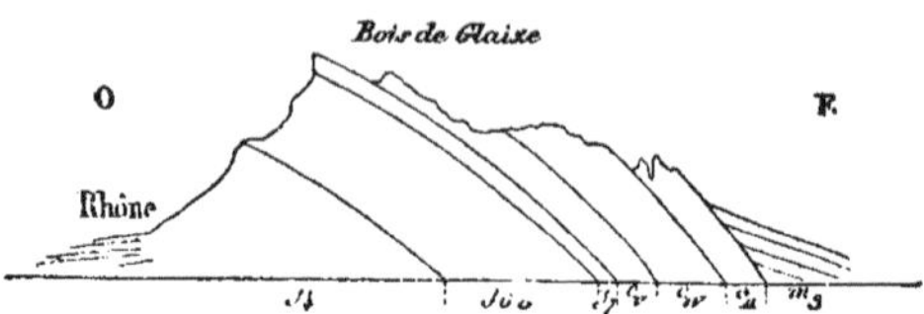

Fig. 3. — Mont Tournier.

Ce crêt se prolonge au sud par le hameau de la Latte, le col de la Crusille jusqu'à l'ouest de Vergenne où il n'est plus représenté que par la partie supérieure du jurassique et la partie inférieure du Valanginien. Cependant, entre les hameaux de Rocheron et de la Latte on voit les deux versants de la voûte.

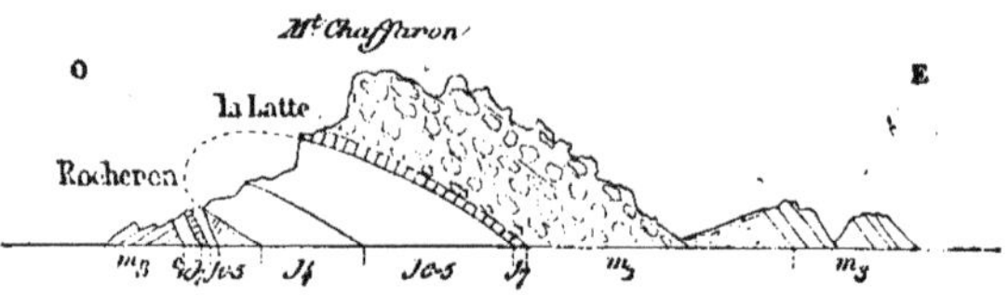

Fig. 4. — Mont Chaffaron.

St-Maurice de Rotherens est sur un synclinal formant un petit plateau ayant de 644^{m} à 737^{m} d'altitude. En voici le profil.

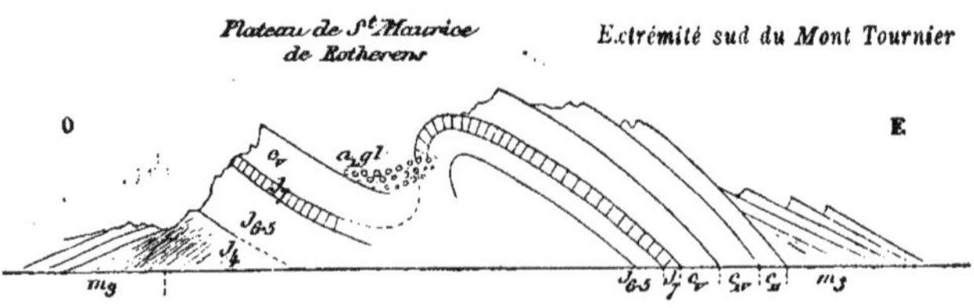

Fig. 5. — St-Maurice de Rotherens.

On peut relever le détail de la coupe de l'anticlinal du mont Tournier soit entre les Châtelains, Botosel et les Rubatiers, soit le long de la cluse de la Balme à Yenne. Les fossiles recueillis en J_4 et J_{6-3} sont ceux cités dans la coupe du mont du Chat.

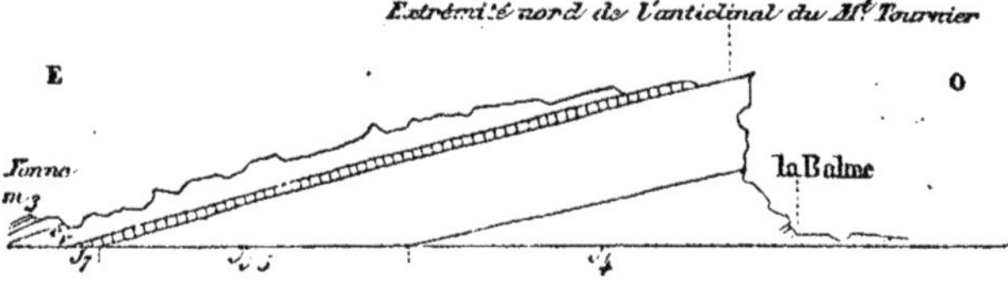

Fig. 6. — Profil de la cluse d'Yenne à la Balme.

Le purbeck J_7 de la cluse d'Yenne à la Balme est assez fossilifère, en voici le profil et le détail de la coupe.

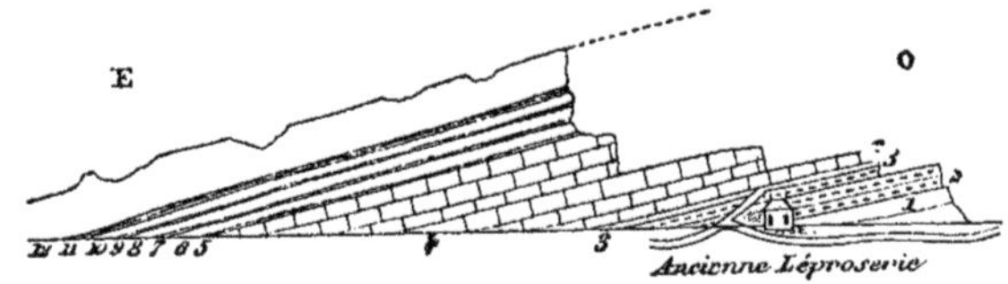

Fig. 7. — Purbeck de la cluse d'Yenne à la Balme, le long de la route.

Portlandien.

	Epaisseur.
1. Calcaire magnésien.	3m50
2. Calcaire gris à cailloux noirs..	3m00
3. Calcaire gris à gros gastéropodes.	0m90
Purbeck.	
4. Calcaire gris, compact, pierre de taille.	15m00
5. Lit formé de cailloux peu roulés et agglutinés par une matière verte.	0m30
6. Calcaire gris, ou jaune..	1m20
7. Lit marneux	0m25
8. Calcaire gris, compact	1m50
8. Marnes vertes à *Planorbis Loryi; Physa Bristovi*, etc..	0m30
10. Calcaire gris, compact	0m80
11. Marnes vertes à *Planorbis Loryi*; *Physa wealdiensis*; *Physa Bristovi*; *Valvata helicoïdes*; *Valvata Sabaudiensis*; *Lioplax inflata*; *Lioplax fluviorum*; *Diplommoptychia Conulus*; *Megalomastoma Caroli*, *Lymnœus physoïdes*; etc.	0m90
12. Valanginien	

Au sud de l'anticlinal du mont Tournier, au pas du Banchet, le purbeck offre également une coupe intéressante, on a :

Portlandien.

	Epaisseur.
Dolomie.	0m50
Calcaire à fragments de nérinées.	2m00

Purbeck.

1. Calcaire gris, compact, pierre de taille, renfermant *Megalomastoma Caroli ; Valvata helicoïdes* ; etc.	0m60
2. Plusieurs bancs de calcaire gris, de lits caillouteux et de marnes vertes, alternant	2m00
3. Calcaire à cailloux noirs et cérithes.	0m75
4. Calcaire tacheté.	1m90
5. Calcaire compact à *Corbula inflexa*.	0m35
6. Valanginien	

De la cluse d'Yenne à la cluse du lac de Bare se trouve la montagne des Parves. Le bord sud de cette montagne, le long du Rhône, reproduit la coupe de la fig. 6.

Mais les bancs du Valanginien s'élèvent de plus en plus vers le sommet de la montagne au fur et à mesure que l'on s'avance vers le nord, si bien qu'à la descente de la route des Parves à Coron, ils forment voûte.

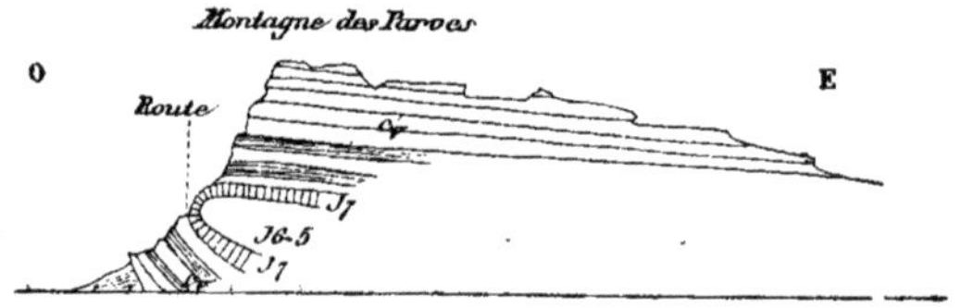

Fig. 8. — Route des Parves à Coron.

L'anticlinal du mont Tournier est donc, comme celui du mont du Chat, le plus souvent rompu, avec Crêt à regard français. Il est cependant quelquefois en voûte, comme entre chez Benollet et la Correrie, ou à l'extrémité nord de la montagne des Parves. Enfin, vers le milieu, il se relie au synclinal de St-Maurice de Rotherens, lequel forme un plateau d'environ 3k.5 de longueur, à près de 700 m. d'altitude, ce qui est une exception pour les chaînes du Jura méridional où les synclinaux forment les vallées basses, les vallées hautes étant réservées aux combes.

3. Anticlinal Otheran-Corbelet à Aix-les-Bains et la Chambotte. — Le mont Otheran forme un plateau urgonien allant de 1641 m. à 1665 m. d'altitude. C'est un *lapiez* fréquenté par le coq de bruyère et recouvert de nombreuses touffes de rhododendron ferrugineum. Cette montagne est due à un anticlinal incliné à l'ouest, rompu en combe ; si bien que le plateau urgonien qui le forme représente le pendage est de cet anticlinal, tandis que le pendage ouest forme le bord de la vallée de Couz.

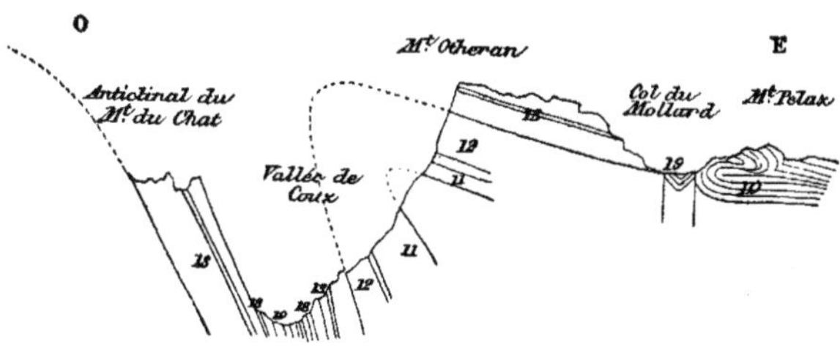

Fig. 9.

Légende : 10. (J_7). Marno-calcaires à ciment ;
11. (C_V). Calcaires bicolores à *Holcostephanus Astieri* ;
12. (C_{IV}). Marno-calcaires à *Toxaster complanatus* ;
13. (C_{II}). Calcaires à *Requienia ammonia* et marno-calcaires à orbitolines.
18. (M_1). Marnes rouges argileuses, à *Hélix Ramondi* ;
19. (M_3). Mollasse marine.

Le synclinal de la vallée de Couz est ici très resserré et l'est d'autant plus que l'on se rapproche de St-Jean de Couz et du passage des échelles où il disparaît, par suite d'une élévation et d'une déviation à l'est, pour former la vallée haute des Égaux.

L'anticlinal du mont Otheran étant le dernier du Jura méridional et en contact avec la zone Subalpine, je vais donner quelques détails sur le crétacé inférieur qui forme à lui seul presque tous les dépôts sédimentaires que l'on y trouve.

Valanginien. — Le Valanginien présente à sa base des calcaires en gros bancs, assez compacts, jaunes, gris ou roussâtres avec *Natica Leviathan*, *Natica Waldensis* ; *Natica Hugardiana*. Sur ces calcaires sont des marno-calcaires généralement ocreux avec *ostrea tuberculifera*, *Waldheimia tamarindus*, *nerinea Favrina*, *Terebratula Carteroniana* et *Ostrea germani*. Ces marno-calcaires sont recouverts par des bancs de calcaires roux, assez fossilifères, avec *pygurus rostratus*, *nerinea etalloni*, *pterocera Desori*, *Cardium subhillanum*, *cidaris pretiosa*, *echinobrissus renaudi*, *Janira atava*. Enfin, le Valanginien se termine par les assises à *ostrea rectangularis*, avec *pholadamya elongata*, *trigonia robinaldina*, etc.

La combe des Granges de Grapillon se prolonge sur tout le bord ouest du Corbelet, de la Tête de Rouen et du Mollard, pour s'arrêter un peu au-delà du village de la Combaz. Le profil pris de l'ouest à l'est, au sud de ce village donne : fig. 10.

A la combe du Corbelet, au Fornet et aux prés de l'eau qui sonne, on trouve, intercalé dans le Valanginien, un récif coralligène dont la découverte est due à madame Jarrin. Ce récif coralligène, résidu des vastes récifs coralligènes du Jurassique supérieur du Jura méridional, peut être considéré comme étant une preuve de la marche progressive de ces récifs, de l'ouest à l'est, dans notre région. Les polypiers y sont assez nombreux ainsi que les radioles d'oursins, mais en mauvais état ; c'est le gisement des *Valletia Tombecki* (Munier-Chalmas).

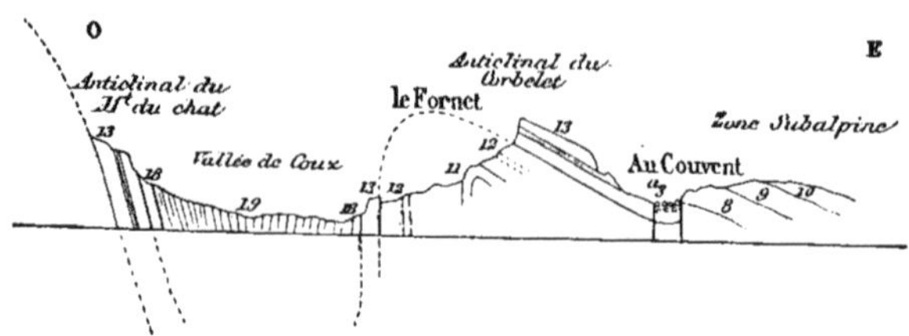

Fig. 10.

Légende :
8. Couches à aptychus (Tithonique inférieur).
9. (J_{6-5}). Calcaires gris sublithographiques — (niveau de la vigne Droguet à Lémenc).
10. (J_7.) Calcaires blancs, esquilleux à *Am. Lorioli*, (tithonique supérieur), marnes et marno-calcaires à ciment, avec calcairegrossier de Montagnole.
11. (C_V). Calcaire à *natica Leviathan* et *ostrea rectangularis*, avec récif coralligène à *valletia Tombecki*, intercalé.
12. (C_{IV}). Marno-calcaires à *Toxaster complanatus*.
13. (C_{II}). Calcaires blancs à *requienia ammonia* et orbitolines.
18. (M_1). Marnes argileuses, rouges, à *Hélix Ramondi*.
19. (M_3). Mollasse marine.
a_3. Alluvions modernes.

A cinq kilomètres environ au sud du signal de la cochette (1623m) dépendant de l'anticlinal du mont Otheran, se trouve le hameau des Creux, dans le bas duquel on rencontre le niveau des marnes à ciment de Montagnole si développées au nord de Corbel. Au sud de ce village, ces marnes reposent sur le jurassique ayant le facies de celui de Lémenc — facies alpin. — On a bien ici un enchevêtrement des chaînes du Jura méridional avec celles de la zone subalpine, en voici le profil. Fig. 11.

Hauterivien. — A la base de l'hauterivien on rencontre des marno-calcaires verdâtres, glauconieux, avec *Am. Radiatus*, *Am. Leopoldinus*, *Am. Astierianus*, *Nautitus pseudo-elegans*, *Bel. pistilliformis*, *rhynchonella Desori*. Ce niveau, généralement peu développé comme épaisseur, est un excellent point de repère, car il est constant dans le massif de la Grande Chartreuse aussi bien que dans le massif des Bauges et le Jura méridional.

Sur ce niveau à *Am. radiatus* reposent des marno-calcaires ou des calcaires en petits bancs, quelquefois encore des couches noires, rognonneuses, argileuses et renfermant en abondance *ostrea couloni* et *Toxaster complanatus*. Ces différentes formations sont assez fossilifères et constituent aussi un horizon très constant dans le Jura, la Grande-Chartreuse, les Bauges, et bien au-delà jusque dans le Valais. On y trouve ici :

Am. subfimbriatus, *Cardium peregrinum*, *Cardium subhillanum*, *Trigonia Caudata*, *panopæa neocomiensis*, *Waldheimia tamarindus*, *Arca robinaldina*, *rhynchonella multiformis*, *Holectypus macropygus*, *Holaster cordatus*, *echinobrissus renaudi*, *etc.*

L'hauterivien se termine dans notre région par des calcaires jaunes avec *panopæa arcuata* ; en général, ces calcaires sont pauvres en fossiles.

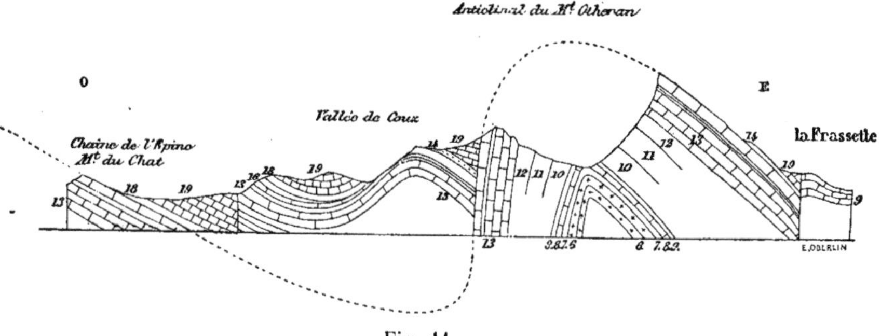

Fig. 11.

Légende : 6. (J_4). Calcaire gris à *Am. tenuilobatus ;*
7. (J_{6-5}). Calcaire gris, compact, à *Am. lithographicus ;*
8. (J_{6-5}). Couches à aptychus (tithonique inférieur).
9. (J_{6-5}). Calcaire gris sublithographique.
10. (J_7). Marnes et marno-calcaires (niveau du ciment de Montagnole).
11. (C_V). Marno-calcaires et calcaire bicolore à *Am. Astierianus* ;
12. (C_{IV}). Marno-calcaires à *Toxaster complanatus* ;
13. (C_{II}). Calcaires à *requienia ammonia* et à orbitolines.
14. (C^2). Albien.
16. (C^3). Sidérolithique.
18. (M_1). Marnes rouges, argileuses à *Hélix Ramondi*.
19. (M_3). Mollasse marine.

Urgonien. — L'hauterivien est recouvert par des calcaires blancs en bancs très puissants et rappelant par leur masse aussi bien que par leur faune des récifs coralligènes. Les réquiénies, chames ou caprotines y sont souvent enchevêtrées en quantité considérable, malheureusement toujours difficiles à dégager. Je citerai principalement *Requienia ammonia* qui caractérise le niveau inférieur de l'urgonien. Ces calcaires blancs forment les rochers couverts de *maquis* des montagnes de la grande Chartreuse et des Bauges ; et, lorsque la végétation disparaît accidentellement ou intentionnellement, la petite couche de sol arable est vite balayée par les eaux sauvages ; alors, ce n'est plus qu'un amas de pierres et de crevasses enchevêtrées dans tous les sens. Aussi, ces calcaires, quoique compacts, forment-ils un sol très perméable. Les fentes et les crevasses ou *scialets* y constituent une véritable canalisation par où l'eau pénètre, ainsi que les neiges qui, passant à l'état de névé, puis de glace, y forment des glacières naturelles. Et comme ces calcaires reposent sur les couches assez argileuses de l'horizon à *Toxaster Complanatus*, les eaux s'y arrêtent, en donnant des sources calciques bicarbonatées.

Tout le long de l'arête urgonienne de St-Thibault-de-Couz à St-Jean-de Couz, sur ces premiers calcaires blancs, on rencontre des couches ocreuses, se détachant par plaques lumachelliques et où abondent des fossiles bien conservés; c'est le niveau à *Heteraster oblongus* et orbitolines; c'est le rhodanien de M. Renevier. — Parmi les fossiles trouvés à ce niveau, soit sur le pendage ouest, soit sur le pendage est de cet anticlinal, je citerai :

Heteraster oblongus;
Heteraster Couloni;
Pygaulus depressus;
Echinobrissus roberti;
Orbitolina Conoïdea;
Rhynchonella lata;
Spondylus Rœmeri;
Janira neocomiensis;
Pterocera pelagi; etc...

Sur ces couches ocreuses et fossilifères, on trouve de nouveau des calcaires blancs à réquienies : *requienia lonsdalii*; *requienia gryphoïdes*.

Les calcaires urgoniens présentent les mêmes caractères dans tout le massif de la Grande-Chartreuse ainsi que dans le Jura méridional.

Ces étages du crétacé inférieur se retrouvent au nord d'Aix-les-Bains, à la Chambotte et aux montagnes de Cessens et du gros Foug. L'hauterivien y est très fossilifère, surtout au-dessus d'Entoger, et le Valanginien inférieur y prend aussi des caractères coralligènes.

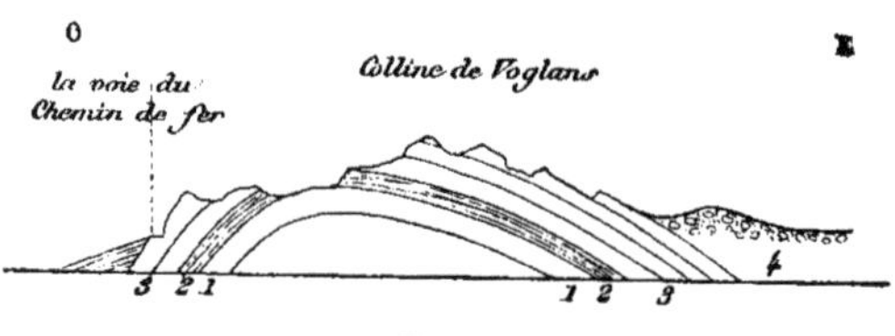

Fig. 12.

Légende : 1 Calcaire urgonien à *requienia ammonia*;
2 Marno-Calcaires à *Heteraster oblongus* et *Orbitolina Conoïdea*;
3 Calcaire à *requienia lonsdalii*;
4 Alluvions.

Les rochers urgoniens de Voglans, du Roi et d'Aix-les-Bains appartiennent à l'anticlinal du Mont Otheran. A Voglans, les bancs urgoniens forment voûte.

Au Rocher du roi, les couches sont aussi en voûte, mais comme elles sont en partie cachées sur les côtés par des alluvions. elles paraissent être, au sommet du rocher, sur un plan horizontal.

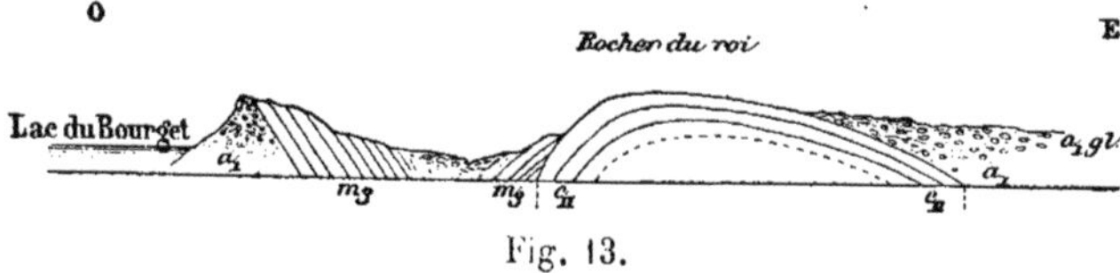

Fig. 13.

Dans le haut de la rue de Pugny, à Aix-les-Bains, les bancs de l'urgonien sont peu inclinés, comme l'indique la fig. 15.

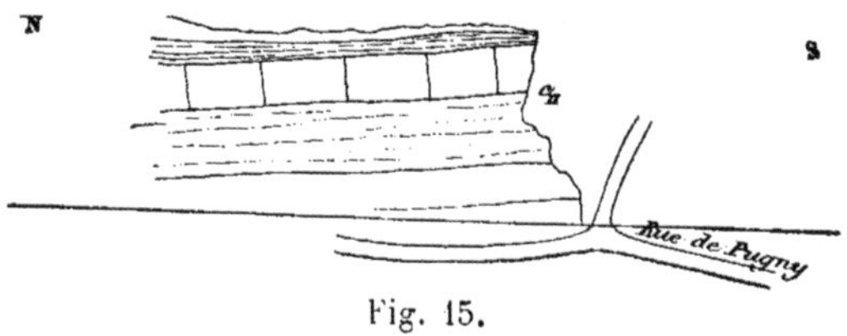

Fig. 15.

Cependant. les bancs urgoniens d'où s'échappe la source d'Aix-les-Bains sont fortement redressés ; c'est parce que le rocher d'Aix est rompu en pli-faille, comme l'anticlinal du mont Grelle au mont du Chat, l'est au-dessus d'Aiguebelette ou de Chevelu.

On a donc à la source thermale d'Aix-les-Bains :

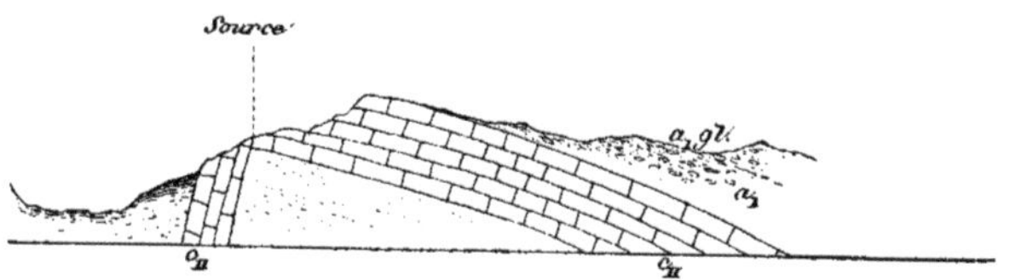

Fig. 15. — Rocher urgonien de la source d'Aix-les-Bains.

Enfin, à la Chambotte, cet anticlinal du mont Otheran est de nouveau rompu en combe, comme au Corbelet.

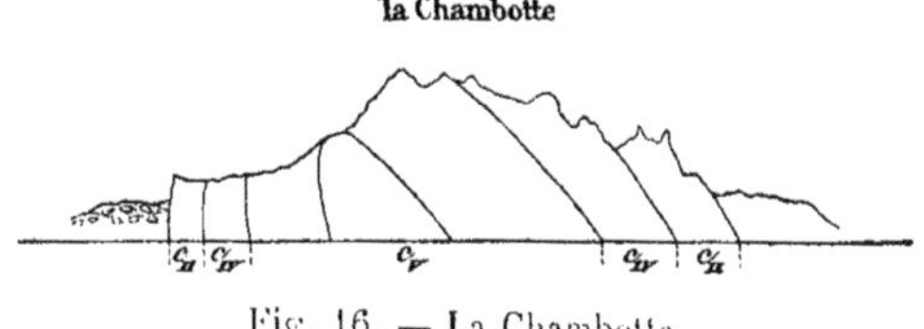

Fig. 16. — La Chambotte.

4. Anticlinal du mont de Joigny au Nivolet. — De la vallée de Couz à la vallée de l'Isère, sur le bord nord du massif de la Grande Chartreuse, on rencontre les monts Otheran, de Joigny et du Granier. La vallée de Couz est dans un synclinal et la vallée du Graisivaudan dans un anticlinal. On a donc :

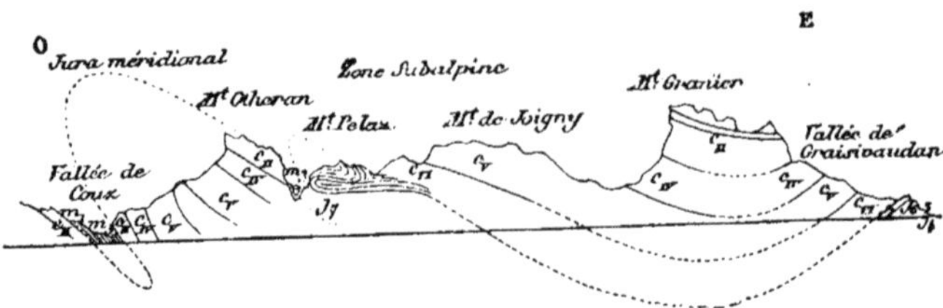

Fig. 17. — Rive gauche de la vallée de Chambéry ou extrémité nord du massif de la Grande Chartreuse

Entre le mont de Joigny et Chambéry, on rencontre le plateau de Montagnole, formé par le jurassique supérieur dont les couches présentent plusieurs plissements ramenant trois fois à la surface les calcaires du tithonique. On a :

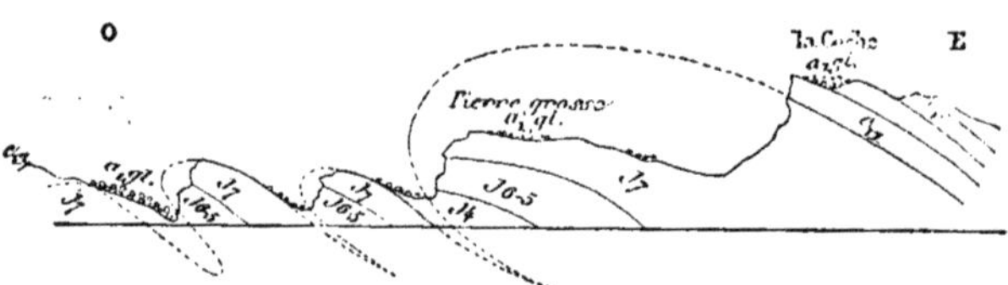

Fig. 18. — Plateau de Montagnole.

De différentes coupes relevées sur le plateau de Montagnole on peut conclure que l'on y trouve de bas en haut :

Séquanien, J^4. — Calcaire gris (zone de l'*Amm. tenuilobatus* peu développée au pied de Pierre Grosse).

Kimméridgien, J^{5-6}. — Calcaire en gros bancs, gris, compact, renfermant dans le haut des rognons siliceux (zone de l'*Amm. lithographicus)*.
Calcaires rognonneux à petits aptychus.
Calcaire blanc, avec petites lentilles coralligènes à grands diceras.

Purbeck, J^7. — Calcaire blanc à *Am. Lorioli* ;
Marnes à *Am. privasensis* ;
Calcaire grossier ;
Marnes à ciment à *Amm. privasensis* et otozamites.

Valanginien, Cɪv. — Marno-calcaires et calcaires bicolores à *Am. astierianus* dans les banc supérieurs.

Les mêmes dépôts se retrouvent à la colline de Lémenc et surtout en allant du hameau des Barandiers à la Cluse de St-Saturnin. Fig. 19.

Sur la rive droite de la vallée de Chambéry à Montmélian, le jurassique supérieur et le crétacé inférieur sont également très plissés. On y trouve : (voir fig. 20).

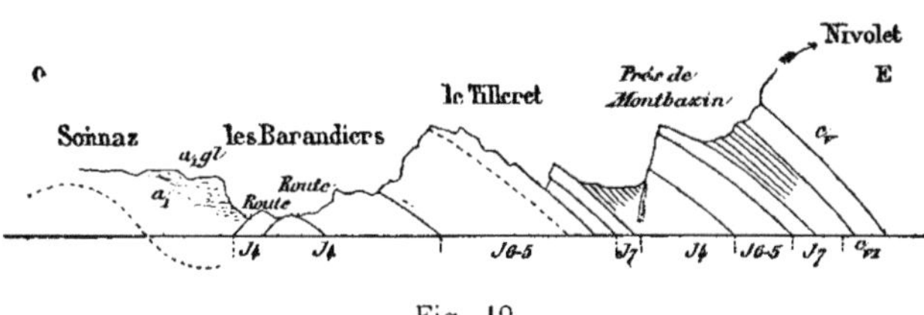

Fig. 19.

Légende : J^4. Séquanien. — Calcaires gris en bancs de 0m05 à 0,15 d'épaisseur, alternant avec des lits marneux verdâtres. On y trouve : *Am. platynotus, Am. Lothari, Am. tenuilobatus, Am. unicomptus* ; etc.

J^{6-5}. Kimméridgien. — Calcaire compact, variant de 0,10 à 1m et même à 2m d'épaisseur, avec quelques lits de marno-calcaires intercalés. On y trouve : *Am. lithographicus, Am. longispinus, Terebratula insignis, Rhynchonella lacunosa*, etc.

Calcaires rognonneux avec nombreux aptychus. On y trouve : *Am. semisulcatus, Am. tithonius, Am. climatus, Aptychus beyrichi, Aptychus sparsilamellosus, Pygope Janitor*.

Calcaire blanc, compact avec quelques amas de polypiers.

J^7. Purbeck. — Calcaire blanc, à cassure conchoïdale, gris, compact, avec *Am. Lorioli, Am. Liebigi, Am. Chaperi, Am. semisulcatus*, etc.

Marno-calcaires à *Am. berriasensis, Am. calipso, Am. privasensis*, etc.

Cvi. Valanginien. — Marno-calcaires sur lesquels est un calcaire à l'état de lumachelle.

a_1. Alluvions préglaciaires avec lignites ;

a^1gl. Bancs glaciaires et blocs erratiques.

Même légende que pour la fig. 19.

En résumé, des collines de Verel-Pragondran aux collines de Montagnole, re-

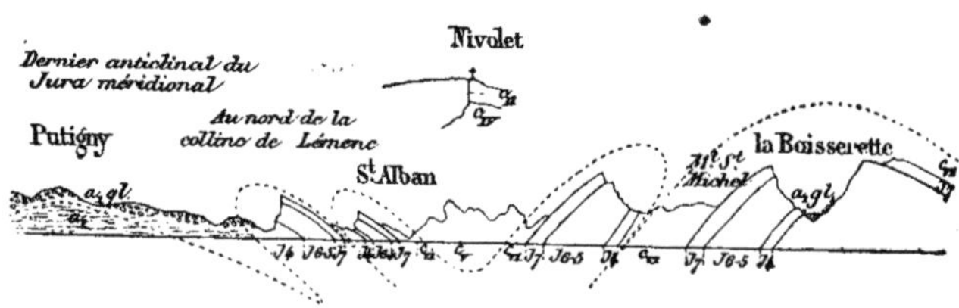

Fig. 20. — Rive droite de la vallée de Chambéry ou extrémité sud des Bauges.

présentant les points de contact de la zone subalpine avec le Jura méridional, on rencontre les niveaux suivants :

1° *Le Séquanien* dont les fossiles les plus communs sont :

Perisphinctes trimerus.
— *lictor.*
— *lothari.*
— *polygiratus.*
— *platynotus.*
Oppelia tenuilobata.
— *holbeini.*
— *tricristata.*
Oppelia strombecki.
Aspidoceras microplus.
Rhacophyllites tortisulcatus.
Phylloceras saxonicus.
— *silenus.*
Haploceras carachtheis.
— *elimatum.*
Bel. astartinus.

2° *Le Kimméridgien*, avec :

Oppelia lithographica.
Oppelia compsus
Aspidoceras acanthicus.
Rhynchonella arolica.
Rhynchonella lacunosa.
Terebratula sparcicosta.
Tereb. nucleata.
Waldheimia humeralis.
Aptychus latus.
Aptychus sparsilamellosus.
Perisphinctes contiguus.
— *geron.*
— *colubrinus.*
Phylloceras ptychoïcum.
— *silisiacum.*
Haploceras verruciferum.
— *elimatum.*
Haploceras carachtheis.
Rhacophyllites Loryi.
Aspidoceras longispinum.
Pygope Janitor.
Cidaris glandifera.
Terebratula moravica.
Cidaris pilleti.
Cidaris coronata.
Cidaris filograna.
Holectypus orificiatus.
Peltastes valleti.
Glypticus Loryi.
Rhabdocidaris orbignyi.
Hemicidaris strammonium.
Diceras escheri.
Polypiers.

3° *Le Purbeck*, (faciès alpin.) avec :

Perisphinctes eudichotomus.
— *transitorius.*
— *richteri.*
— *Lorioli.*
— *colubrinus.*
Phylloceras ptychoïcum.
Lytoceras Liebigi.
Hoplites calisto.
— *chaperi.*
— *privasensis.*
Holcostephanus negreli.
— *pronus.*
Bel. corrophorus.
Bel. Favrei.
Terebratula euthymi.
— *moutoniana.*
— *nucleata.*
Hinniphoria globularis.
Collirites carinata.
Otozamites, etc.

4° Enfin, *Le Valanginien.*

Du pas de la fosse aux Adrets d'une part, et d'autre part, du pas de la fosse ou pas de la Coche, les marno-calcaires du Purbeck sont recouverts par un horizon assez fossilifère, où abondent, en effet, les fossiles du niveau Cvi. J'indiquerai :

Phylloceras calipso.
Hoplites occitanicus.
— *neocomiensis.*
Terebratula carteroniana.
Terebratula moutoniana.
Rhynchonella multiformis.
Rhynchonella malbosi.
Dysaster ovulum.
Pygope diphyoïdes, etc.

Sur le chemin menant du pas de la fosse aux Adrets et le mont de Joigny, avec cette faune, on trouve *Holcostephanus astieri*. J'ai rencontré le même niveau à Belvarde, au pied du mont St-Michel, puis en plusieurs endroits du massif des Bauges et au-delà. Je le crois crétacé, c'est pourquoi je le maintiens à la base du Valanginien.

Le Nivolet. — Au Nivolet, les prés du mont Bazin sont sur les marnes à ciment sur lesquelles reposent les marno-calcaires à *Hoplites occitanicus* et *Pygope diphyoïdes*. Le Valanginien représenté, à la falaise de Razeray, par des calcaires grossiers très-durs, à nombreux brachiopodes, recouvre ces marno-calcaires. Dans les calcaires lumachelliques de la falaise de Razeray, on trouve : *Terebratula moutoniana ; Terebratula carteroniana : Rhynchonella multiformis*, etc. Je n'y ai jamais rencontré la *Natica leviathan*. Sur ces calcaires grossiers sont des marno-calcaires ocreux. Les bancs de calcaires y sont minces, d'une teinte rousse à la surface, mais grise à l'intérieur. A la surface de ces bancs, on voit un placage marneux sur lequel sont de nombreux rubans terreux entrelacés, ce sont des moules aplatis de traces de vers ou d'algues. Ces calcaires s'exploitent facilement en dalles ou lauzes de plusieurs mètres de longueur sur un ou deux mètres de largeur. On en fait aussi des pavés. A ce niveau, on trouve quelquefois des lits marneux avec nombreux cailloux roulés, mais provenant des débris remaniés sur place, ce qui indique une mer peu profonde. Vers la partie supérieure, ces calcaires sont à pâte siliceuse et l'on y trouve des silex rubanés de couleurs variables. Ce faciès existe tout le long de la montagne du Nivolet. Les fossiles trouvés à ce niveau sont : *Pygurus rostratus* ; *Terebratula carteroniana* ; *ostrea macroptera* (très-rare), etc.

Ainsi le niveau à *ostrea macroptera*, si nettement représenté, de La Combaz aux granges du Grapillon, l'est à peine au Nivolet, du moins par la présence de ce fossile.

Hauterivien. — On y trouve les marnes glauconieuses avec *Am. Leopoldinus* ; *Am. radiatus* : *Nautilus pseudo-elegans*, etc., où elles forment généralement tout le bord ouest des hautes prairies. Ces prairies sont sur les marno-calcaires à Spatangues, formant, vers la source de la Doria, un amas de marnes noires avec de nombreux rognons de calcaire plus ou moins siliceux, sur lesquels on rencontre souvent *ostrea couloni* et *Toxaster complanatus*. Avec ces fossiles, abondants à ce niveau, on peut encore citer : *Trigonia caudata : Pholadomya elongata ; Panopæa neocomiensis* ; *Toxaster collegnoï ; Dysaster ovulum*, etc... Enfin, les calcaires jaunes de Neuchâtel y sont représentés.

Urgonien. — La dent du Nivolet est formée par le calcaire urgonien. A la base est un calcaire blanc, assez dur, avec *Requienia ammonia* ; *Cardium peregrinum* ; *Rhychonella lata*, etc... Le niveau à orbitolines le recouvre, mais, si l'on veut y faire une bonne récolte de fossiles, il faut se rendre sur le versant oriental, à la carrière des Essarts (1150^{m}); parmi les fossiles que j'y ai recueillis je citerai : *Orbitolina conoïdea; Orbitolina discoïdea*; *Heteraster oblongus*; *Echinobrissus Ro-*

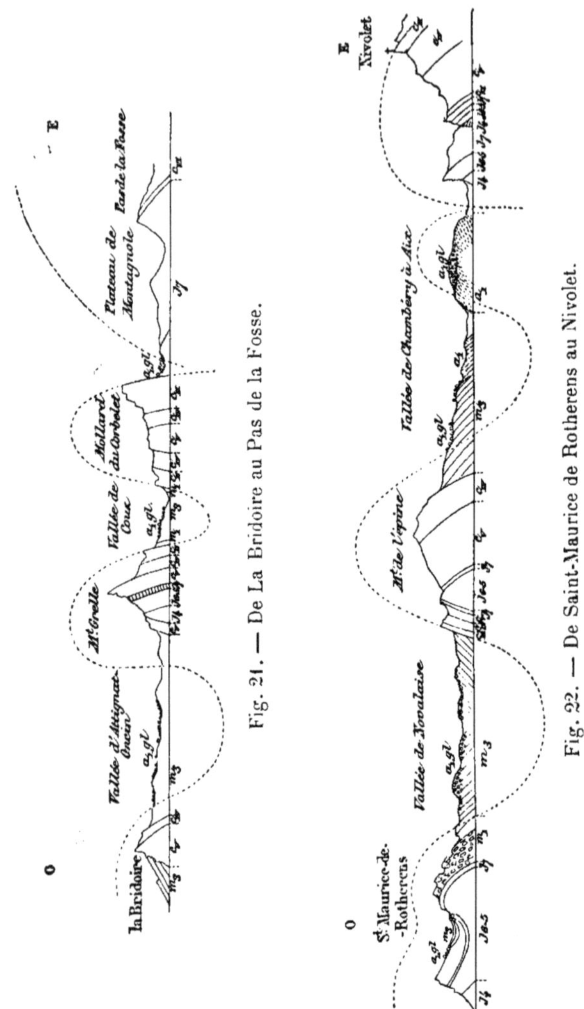

Fig. 21. — De La Bridoire au Pas de la Fosse.

Fig. 22. — De Saint-Maurice de Rotherens au Nivolet.

berti; *Pygaulus depressus*; *Pygaulus cylindricus*; *Diadema carthusianum*; *Pterocera pelagi*; *Pterocera Beaumontiana*; *Natica sublævigata*; *Trigonia caudata*; *Janira morrisi; Rhynchonella lata*, etc... Enfin, ce niveau est ici recouvert par des bancs de calcaires blancs moins épais avec *Requienia Lonsdalii*. Ces calcaires blancs sont souvent ravinés sur une grande épaisseur, formant ainsi de nombreux scialets; ajoutons qu'à la partie supérieure de ces calcaires on trouve : *Natica mastoïdea*; *Neritopsis Lorioli; Sphærulites blumenbachi*, etc...

Tongrien. — Au sommet des prés du Nivolet est le châlet du Sire, au nord duquel est le passage de la Féclaz dans le calcaire urgonien; puis, immédiatement à la sortie de ce passage, on rencontre sur les bancs urgoniens un poudingue formé de cailloux de quartz, de roches cristallines, de silex, de calcaires noirs, gris ou blonds, le tout passant insensiblement à un gros sable, à un sable plus fin, puis à de la glaise. Ces dépôts s'étendent vers le sud, où ils forment toute la bordure du petit bassin du hameau En Glaise. On rencontre les mêmes dépôts, également sur l'urgonien, aux prés des Maréchaux situés à l'Est du passage de la Doria. Ils ont même, ici, un plus grand développement et le nombre des galets est aussi plus considérable. On dirait une plage située sur le bord d'un massif à roches cristallines, ce qui surprend d'autant plus que l'on est entouré de tous les côtés par les calcaires du néocomien. Je n'y ai trouvé aucune trace de fossiles.

Au passage de la Doria, sur le calcaire blanc urgonien, quelquefois perforé par des coquilles lithophages, existe un grès grossier avec petits fragments roulés de roches étrangères à la région. Ce grès renferme de nombreuses petites nummulites. Enfin, on trouve encore, en contact avec l'urgonien, un poudingue grossier formé principalement par des cailloux de l'urgonien et quelques-uns de calcaires noirs. Ces cailloux sont fortement unis par une pâte calcaire un peu ferrugineuse, quelquefois même avec petits grains de fer à l'état oolithique. Sur ces différents dépôts sont des calcaires formés presque entièrement de polypiers ; puis on a des sables, des grès, recouverts par des calcaires bleuâtres, et une grande épaisseur de flysch. Parmi les fossiles récoltés dans ces différentes formations, j'indiquerai : *Nummulites Variolaria ?* ; *natica Crassatina* ; *natica angustata* ; *Pecten pictus* ; *Trochus Vincenti* ; *ostrea gigantea* ; *Cerithium davidi* ; *Cerithium calculosum* ; *Cerithium Cotteaui* ; *Cerithium Lamarkii* ; *pleurotoma bouvieri* : *Bythinia Dubuissoni* ; *Cardita lauræ* ; *Cytherea splendida* ; *Cytherea subarata* ; *plocophyllia calyculata* ; *Turbo clausus* ; *Turbo fittoni* ; *Cardium fallax* ; *Cardium anomale* ; *Macrosolen Hollowayi*, etc... Ce niveau appartient donc bien au tongrien.

Aquitanien. — Enfin, sur les derniers bancs du flysch à écailles de poissons, fucoïdes et empreintes de feuilles de *Cinnamomum*, on trouve, à l'ouest du col de Plainpalais, des marnes rouges à *Helix ramondi*. Ces marnes rouges de l'Aquitanien se prolongent au nord jusqu'au pont d'Entrèves où l'on a également *Helix ramondi*. Elles existent aussi à l'extrémité sud de la vallée des Aillons. A Lescheraisnes, dans le lit du Chéran, les marnes rouges sont recouvertes par des bancs de mauvaise mollasse à *Sabal Lamanonis* ? Ces bancs de mollasse prennent un grand développement de Leschaux à Bellecombe, et à Saint-Jorioz, sur le lac d'Annecy. Cette mollasse représente sans doute le Langhien.

Conclusions. — Il résulte de la description géologique que je viens de faire des dernières ramifications du Jura méridional et du premier anticlinal de la zone subalpine aux environs de Chambéry que les terrains y sont représentés du bajocien à l'urgonien sans que l'on puisse admettre aucune lacune. A partir de l'urgonien, on constate que l'aptien manque ; le plus souvent aussi l'albien, que l'on rencontre cependant d'une manière assez constante plus à l'est. Après l'albien, on a de nouveau une interruption ; en effet, le cénomanien et le turonien manquent. Le sénonien supérieur à bélemnitelles s'y trouve dans la région de l'albien ; peut-être aussi le danien y existe-t-il sous forme de sidérolithique. L'éocène manque ; mais on y rencontre l'oligocène et le miocène. Après l'helvétien, la mer a définitivement quitté notre région. Alors, nos montagnes et nos vallées avaient déjà leur tracé d'aujourd'hui ; donc, nos cols, nos combes, nos cluses, etc..., existaient au pliocène, mais encombrés par les roches éboulées ou les amas schisteux des roches tendres. Sur nos montagnes élevées, plus hautes alors de tous les milliards de mètres cubes de roches enlevées depuis par l'action des agents atmosphériques, sont tombées des pluies d'une abondance extraordinaire ; et ainsi se sont formés de grands cours d'eau, lesquels ont roulé la masse énorme de galets que nous retrouvons aujourd'hui dans nos vallées sous forme de vastes nappes d'alluvions.

Et, maintenant, si nous comparons les terrains du Jura méridional avec ceux de la zone subalpine, nous trouvons que, des deux côtés, le séquanien est presque identique comme faciès et comme faune. On a, en effet :

Séquanien

Jura méridional	*Zone subalpine*
Calcaires gris, alternant avec des lits marneux verdâtres. On y trouve : *Perisphinctes Lothari ;* *Aspidoceras microplus ;* *Perisphinctes polygyratus* ; *Oppelia tenuilobata* ; *Hexatinellides*, etc. Epais. moy. 35^m.	Calcaires gris, alternant avec des lits marneux verdâtres. On y trouve : *Perisphinctes platynotus* ; *Perisphinctes Lothari* ; *Aspidoceras microplus ;* *Oppelia tenuilobata ;* Epais. moy. 58^m.
Calcaires gris, compacts avec : *Terebratula insignis* ; *Oppelia tenuilobata ;* Epais. moy. 70.	Calcaires gris à veines de carbonate de chaux spathique avec : *Oppelia tenuilobata ;* Epais. moy. 20.

Mais à partir du Kimméridgien, les terrains sont totalement différents comme faciès et comme faunes. On a, en effet :

Kimméridgien

Jura méridional

Dolomie caverneuse et calcaire coralligène, avec :
Diceras speciosum ;
Diceras münsteri ;
Terebratula moravica ;
Cardium Corallinum ;
Nerinea moreana ;

Epais. moy. 62

Calcaires plus ou moins magnésiens, quelquefois oolithiques ; ou bien en plaquettes, ou à l'état de calcaire lithographique.

On y trouve :
Exogyra virgula ;
Aptychus latus ;
Aptychus euglyptus ;
Cidaris carinifera ;
Acrocidaris nobilis ;
Lepidotus itieri ;
Pycnodus Bernardi ;
Zamites feneonis ;

Epais. moy. très variable. 50 au mont de Chat.

Zone subalpine

Calcaires gris, compacts, avec :
Oppelia lithographica ;
Aspidoceras acanthicus ;
Rynchonella arolica ;
Rynchonella lacunosa ;
Terebratula sparcicosta ;

Epais. moy. 25.

Calcaires rogonneux, ou mouchetés et alors compacts.

On y trouve :
Perisphinctes geron ;
Phylloceras ptychoïcum ;
Haploceras caractheis ;
Rhacophyllites Loryi ;
Aspidoceras longispinum ;
Pygope janitor ;
Aptychus beyrichi ;
Aptychus latus ;
Aptychus sparsilamellosus ;
Cidaris glandifera ;

Epais. moy. 10.

Portlandien

Jura méridional

Calcaires gris et récifs coralligènes. Dolomie.

On y trouve :
Nerinea trinodosa ;
Diceras et nombreux polypiers ;

Epais. variable. 35 au mont du du Chat.

Zone subalpine

Calcaires blancs, compacts, avec petits récifs coralligènes ;

On y trouve :
Terebratula moravica ;
Cidaris glandifera ;
Cidaris pilleti ;
Peltastes valleti ;
Diceras et nombreux polypiers ;

Epais. moy. 3 à 15.

Purbeck

Jura méridional

Calcaires compacts, lits marneux verdâtres et calcaires à cailloux noirs, avec :
Planorbis Loryi ;
Physa Wealdiensis ;
Physa Bristovi ;
Limnæus physoïdes ;
Megalomastoma Caroli ;
Diplommoptychia Conulus ;
Valvata sabaudiensis ;
Valvata helicoïdes ;
Preisphinctes Lorioli :

Epais. moy, 7.

Zone subalpine

Calcaires blancs, sublithographiques et marno-calcaires à ciment.

Perisphinctes Lorioli ;
— *richteri* ;
— *colubrinus* ;
Lytoceras Liebigi ;
Hoplites privasensis ;
Otozamites ;

Epais. moy. 150.

Valanginien

Jura méridional

Calcaires jaunes, calcaires bicolores et marnes ocreuses.

On y trouve :
Natica leviathan ;
Terebratula carteroniana ;
Terebratula moutoniana ;

Marno-calcaires plus ou moins ocreux, à rognons de silex.

On y trouve :
Terebratula prælonga ;
Pygurus rostratus ;
Pholadomya elongata ;
Janira atava ;
Ostrea macroptera ;

Zone subalpine

Marno-calcaires et calcaires bicolores ;

On y trouve :
Hoplites occitanicus ;
Hoplites neocomiensis ;
Holcostephanus astieri ;
Terebratula carteroniana ;
Terebratula moutoniana ;
Pygope diphyoides :

Marno-calcaires plus ou moins ocreux, à rognons de silex.

On y trouve :
Terebratula prælonga ;
Pygurus rostratus ;
Pholadomya elongata ;
Janira atava ;
Ostrea macroptera (rare).

Il résulte de cette comparaison que le séquanien est le même des deux côtés, et qu'il faut arriver aux marno-calcaires à rognons de silex du Valanginien pour retrouver la même identité. Cependant, ni d'un côté ni de l'autre, on ne peut signaler de lacune dans la sédimentation. On comprendra, d'après ces faits, pourquoi la limite de nos terrains dans la zone subalpine a donné lieu à tant de discussions. Si l'on considère seulement le Jura méridional, il est déjà bien difficile de dire : ici finit le ptérocérien, là commence le virgulien ; ici finit le virgulien, là commence le portlandien. Ces terrains, ayant été envahis par les récifs coralligènes présentent des faunes et des faciès bien différents à de faibles distances, tout en restant sur le même horizon. C'est pourquoi j'ai groupé le tout sous le terme de kimméridgien. Dans le Jura, grâce à la belle

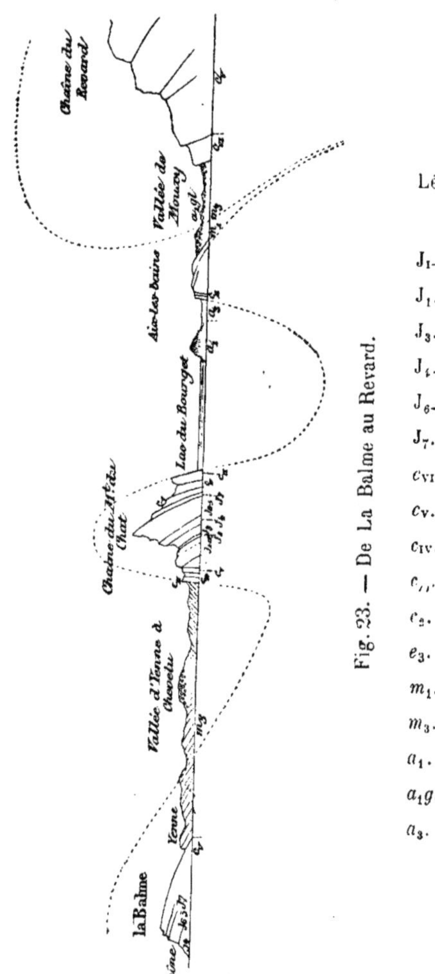

Fig. 23. — De La Balme au Revard.

Légende générale des profils donnés dans cette note :

$J_{I\text{-}IV}$. Bajocien et Bathonien ;
J_1. Callovien ;
J_3. Rauracien ;
J_4. Séquanien ;
J_{6-5}. Kimméridgien ;
J_7. Purbeck ;
c_{VI}. c_V. } Valanginien ;
c_{IV}. Hauterivien ;
c_{II}. Urgonien ;
c_2. Albien ;
e_3. Sidérolithique ;
m_1. Aquitanien ;
m_3. Helvétien ;
a_1. Alluvions préglaciaires ;
a_1gl. Alluvions glaciaires ;
a_3. Alluvions modernes.

découverte de Lory, de la présence de marno-calcaires à fossiles d'eau douce, intercalés entre le portlandien et le valanginien, la ligne de séparation entre le jurassique et le crétacé, est facile à établir. Le purbeck y termine le jurassique.

Dans la zone subalpine, les terrains compris entre le séquanien et le valanginien semblent bien être équivalents au kimméridgien, au portlandien, et au purbeck. En effet, on n'y voit pas de lacune dans la sédimentation ; et les faunes des niveaux à *Am. lithographicus* ou à *Am. Loryi* sont bien jurassiques. C'est pourquoi j'ai toujours considéré leur ensemble comme étant kimméridgien. Mais, où j'ai toujours hésité, c'est au sujet des marnes de Berrias. J'ai d'abord démontré, pour les environs de Chambéry, que les calcaires blancs sublithographiques, sur lesquels reposent ces marnes, renfermaient la même faune qu'elles, et, comme les marnes de Berrias étaient alors considérées comme crétacées, j'ai placé le tout dans le crétacé, tout en regardant cet ensemble comme équivalent dans le temps aux marno-calcaires du purbeck du Jura méridional.

Ayant alors trouvé, à la base du purbeck de la cluse de Chaille, un calcaire grisâtre à gros gastéropodes, puis successivement dans la cluse d'Yenne à la Balme et à Brégnier-Cordon, je crus reconnaître dans les fragments trouvés de ces gastéropodes *natica leviathan* ; en réalité ces gastéropodes appartiennent au jurassique

On peut dès lors comprendre mon embarras au sujet de la place du purbeck du Jura méridional. Cependant, à la cluse de Chaille, on trouve aussi intercalé dans le purbeck, un calcaire gris avec fragments d'ammonite. M. H. Douvillé considère cette ammonite comme appartenant « au groupe de l'*Am. biplex* du portlandien de l'Angleterre et du Boulonnais » ; d'après lui, elle se rapproche de l'*Am. Lorioli*. Zittel, du terrain jurassique supérieur de koniakau (couches de Stramberg). Dans tous les cas « cette forme a un caractère franchement jurassique ». Aujourd'hui, des échantillons en meilleur état ayant été trouvés, on considère l'ammonite de la cluse de Chaille, comme étant réellement *Am. Lorioli*. Or, cette ammonite se trouve dans nos calcaires blancs sublithographiques et M. Toucas la cite « avec la forme typique du Berriasien de Pictet ». Il paraît donc résulter de là, que le purbeck du Jura méridional est bien l'équivalent des calcaires blancs sublithographiques et des marnes à ciment du plateau de Montagnole et de Lémenc.

Les fig. 21, 22 et 23 permettent de relier stratigraphiquement le Jura méridional avec la zone subalpine, et de constater qu'au point de contact, le synclinal de raccord est rompu en failles. — Voir fig. 9, 10 et 11, — à la Frassette, la croix du col du Mollard et au couvent. C'est dans ce synclinal que s'arrête, pour notre région, les dépôts de l'helvétien, finissant ainsi en même temps que le Jura méridional, c'est aussi, à la faveur de ce synclinal et grâce à une cassure, toute locale, de l'anticlinal à Aix-les-Bains, qu'apparaît la source thermale d'Aix qui, par suite, vient d'une grande profondeur : les calcaires urgoniens, reposant sur les marnes-calcaires de l'hauterivien, emprisonnent l'eau dans un véritable siphon. A partir d'Aix, ce synclinal se développe de plus en plus en largeur en allant vers le nord. Puis, il s'infléchit à l'ouest, et passe entre les montagnes du Foug et le mont Salève, dont l'anticlinal est le dernier du Jura. Il résulte aussi des coupes que j'ai données, que le mont Granier avec le plateau de l'Alpette, forment un synclinal et que la vallée du Graisivaudan est dans un anticlinal. Le versant oriental du Nivolet se développe, à l'est, en synclinal dans lequel on trouve l'oligocène formant la vallée des Déserts. Le synclinal de Granier-Alpette forme une vallée haute, il en est de même de celui des Déserts ; c'est là un fait constant lorsqu'on s'éloigne vers l'est, dans le massif des Bauges. Ainsi, dans la zone subalpine, les synclinaux forment les vallées hautes, et les anticlinaux, rompus en combes fortement ravinées, forment les vallées basses; tandis que dans les dernières ramifications du Jura méridional, c'est le fait inverse qui fait loi; c'est sans doute pour cela qu'on ne trouve pas l'helvétien dans la zone subalpine.

L'anticlinal du Revard correspond à celui du Joigny ; le synclinal des Déserts correspond à celui de Granier-Alpette; dès lors, l'anticlinal de la Boisserette, au-dessus de Chignin, qui est celui du Margeriaz, correspond à la vallée du Graisivaudan. C'est ainsi que le massif de la grande Chartreuse a pour prolongement nord, l'anticlinal du Revard au Semnoz. Or, les terrains du massif de la grande Chartreuse, surtout ceux du crétacé inférieur, sont riches en fossiles,et, de la zone subalpine, ce sont ceux qui se rapprochent le plus, comme faciès, de ceux du Jura méridional. Il en est de même de ceux du Nivolet et du Semnoz. En se dirigeant, en effet, à l'est, le Valanginien se modifie beaucoup comme faciès, et les fossiles y sont de plus en plus rares. Il en est de même, quoique d'une manière moins nette, pour l'hauterivien et l'urgonien, dont les dépôts deviennent noirs. L'anticlinal du Joigny-Revard au Semnoz, présente donc comme facies et comme faune, pour le crétacé inférieur, la zone de passage du Jura méridional à la zone subalpine.

Chambéry, 25 décembre 1891.

www.ingramcontent.com/pod-product-compliance
Ingram Content Group UK Ltd.
Pitfield, Milton Keynes, MK11 3LW, UK
UKHW021929190726
13853UKWH00002B/931